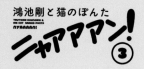

猫が2匹になって約1年が経った

仲が良くなったわけではないし、撮れなかった

第一章
日常編〜わちゃわちゃ〜
005

第二章
日常編〜バシバシ〜
041

第三章
健康は大事だよ編
077

第四章
飼い主不在編
115

第五章
チェンジ・ザ・ワールド
147

第一章

日常編
～わちゃわちゃ～

なでなで
EXTRA

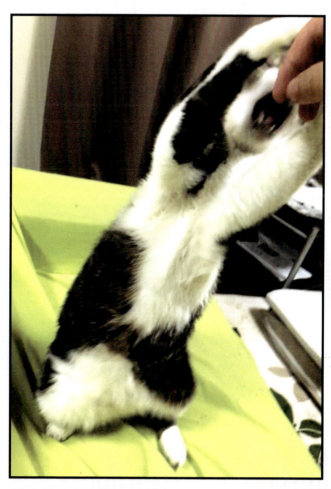

デスゲームに負けた場合

マッチポンプアタック

歩いてるとアルフが狂ったように体当たりしてくる

当たるたびに何かを訴えるかのように鳴いてきたり

「なぜこんなひどいことをされるのだろう」という態度まで見せてくる

当たり屋!!

なんだろうこれ…あれ…あれに似てるな…

おい

何も出ないよ

隙をつくな

対象

危ないから

対象 EXTRA

演技

演技

引っ掻かない選択肢はないですかね

ちょっかい

ちょっかい
EXTRA

表に出ろや

真夜中のダンスホール

寝相悪いから…

食いしん坊キャラかよ

センサー

センサー

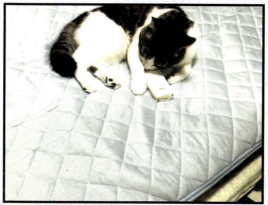

壁にリモコンかけて置くアレがないせい

ほふく兵
🐾 EXTRA

入るところを写真にとったら「見つかっく
しまった」みたいなビビリ方をされたので
なんか腹が立ちました

見にくる理由
🐾 EXTRA

キラキラすな

いいけどさ

巻き込み事故
🐾 EXTRA

痛い目にあったのにまた入るアルフ

脅かし

猫が煽ってくる

燃え上がる修繕費

掃除をすると傷が増える

本気にならないでいただきたい

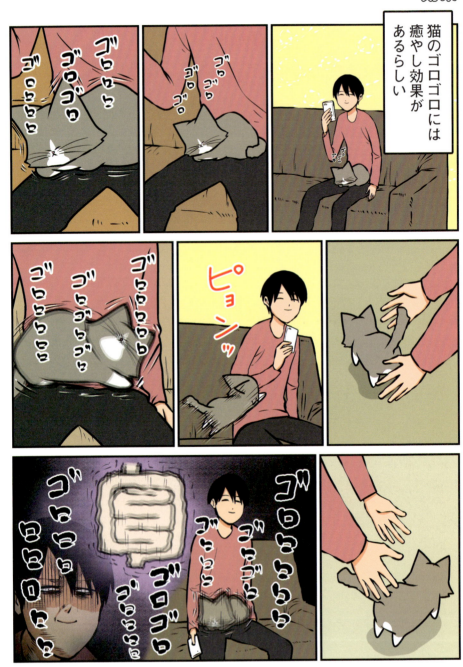

腹に効く

トイレの突破まで許してしまった

危機一髪
EXTRA

手を持った瞬間えぐりこむようなパンチとかみつきを
同時に繰り出してくるぽんた

やると思わないことをやられると怖くなる

そんな工夫する？

もしかしてブチ切れてる？

無いなら無いで

とるな

無いなら無いで
EXTRA

たびたびヒモを調達するぽんた

しかし

パーカーのヒモで遊ばせるのはなしになった

この後ニュースで猫がヒモを飲み込む事故があって

ひゃっ！

PHOTO GALLERY 01
🐾 EXTRA

オープンな
寝方をするアルフ

手をにぎり見守ってる
ように見える気色悪い写真

狛犬か

毛布から出てきたぽんたに
ストレートをくらわすアルフ

手で遊んでしまうぽんた

中二病みたいな寝方のアルフ

お前は…俺なのか…？という
目で自分の毛玉を見るぽんた

フェイク
EXTRA

行けって

間違った知育

間違った知育
🐾 EXTRA

話しかけてきてはいる

5歳
🐾 EXTRA

最終的に無になる

047

俺があまり刺身を食わなくなった理由

ネコヘラ

チラチラすな

相性
 EXTRA

一人クレープおいしい

歌ストッパー

気持ちよく歌ってるとマジ狩りしてくる

濡れ衣

俺じゃないよ

ゲロロケット

ゲロロケット

やりきった男の背中

メッセージ
EXTRA

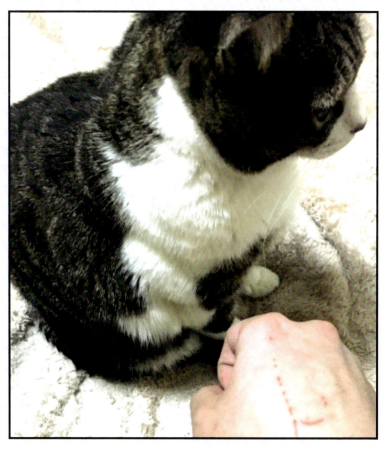

人斬り

女好き疑惑 EXTRA

人によって態度を変える猫の鑑

オーバーキル

元気がなかった

あいつあの遊び方ほんと好きだな…

昔と変わらない姿を見てるとちょっと元気が出るな…

はおぉぉぉぉぉ

やめさせたい

もみりんぐ
EXTRA

もみ男

ふたのふた

最近よく排水口の蓋が床に落ちてる

ここからどうやって床に落ちるんだ？

水の逆流とか？

こわ…

ふた↓

そいつに恨みでもあんのか

ふたのふた
EXTRA

蓋になったmyどんぶり

花粉症は孤独

うるさいの嫌いだからね…

君と君の関係性

「そうじゃない」って言われた

猫笛

鳴るたび来んな！

猫笛 EXTRA

チラチラも！

フローラルエッセンス

原因不明

フローラルエッセンス
 EXTRA

とれなくて春

とれなくて春

ふざけんな

右を最初に倒さないと
回復してくるタイプの敵

PHOTO GALLERY 02
🐾 EXTRA

遊びに本気

お互いの飯が気になる

ペロリ

戦闘開始

アルフと遊んでたら勝手に釣れた

第三章
健康は大事だよ編

やってきた

やってきた

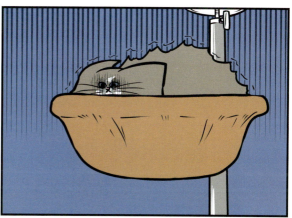

やってきた
🐾 EXTRA

ほかの人間を怖がるようになってしまったアルフ

青天井

ペロペロおばけ

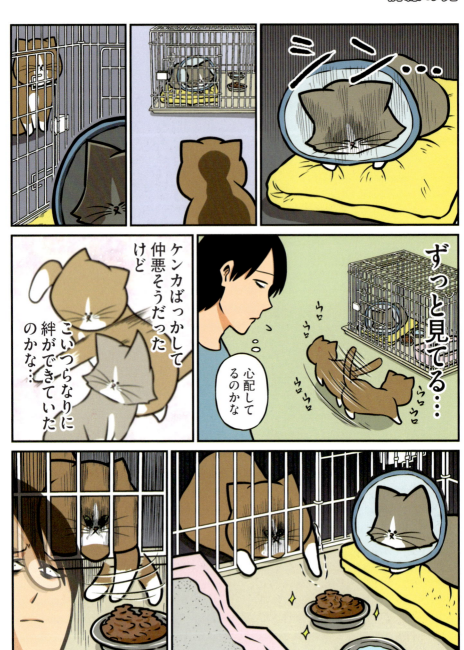

お前の飯は別であるだろ

気まず…

変化

変化

もいだけ――――――!?

恥辱の末路

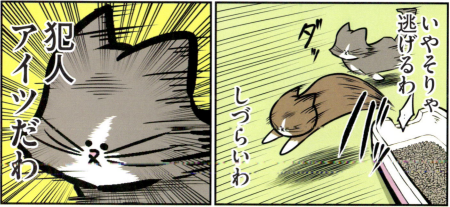

そういえば前からガン見してたわ

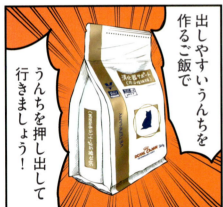

糞詰まりジャンボ

パワーアップイベント

攻撃タイプ
EXTRA

戦闘開始前

さらにラッシュで畳み掛け右ストレートが
胸元に決まる

アルフの右ストレートがヒットするが

満足したのか立ち去るぽんたとそれを後ろ
から襲おうとするアルフ

ぽんたのパンチが二連撃でヒット

しこり

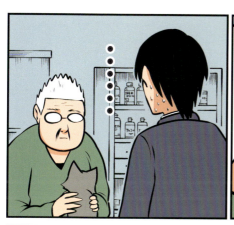

しこり

しこり

しこり

無理…

しこり
EXTRA

その後順調に回復しすぐに元気になりました

カメラ越しの

とりあえず殴るのやめない？

カメラ越しの
EXTRA

カメラからの写真
カメラに寄ってきたのは最初だけでもう興味がなくなったのか
現在は２匹とも完全無視している

過呼吸

過呼吸とは

ストレス等からくる病気とされているが

別に悩みとかも無いのでただ謎に無意味に過呼吸になってるだけである

元気だよ!!

こういう対処するやつ

ただいま〜

パタパタパタパタ

昔から俺はときどき過呼吸になることがある

過敏症になってから何年も飲んでないなコーヒー

昔は好きだったんだけどなぁ

う〜ん

お客さんからコーヒー貰ったんだった

どうしよ

さらにカフェイン過敏症でもある

あっ

※ざっくり言うとカフェインで体調がわるくなる

うま〜い!

そんな俺がコーヒーを飲むと…

捨てるのももったいないしちょっとだけ…

グビッ

過呼吸

こんな状況で変なシンクロ芸を見せるんじゃない

別れは突然に

完全にあれから調子狂った…
体調が悪い日が続いてしまったが
それに反して猫たちは完全に健康になった
つややか

とりあえず猫は元気なのが救いだな
全員体調悪いとか笑えないし
俺ももっと体調管理しっかりしないと
よしよし

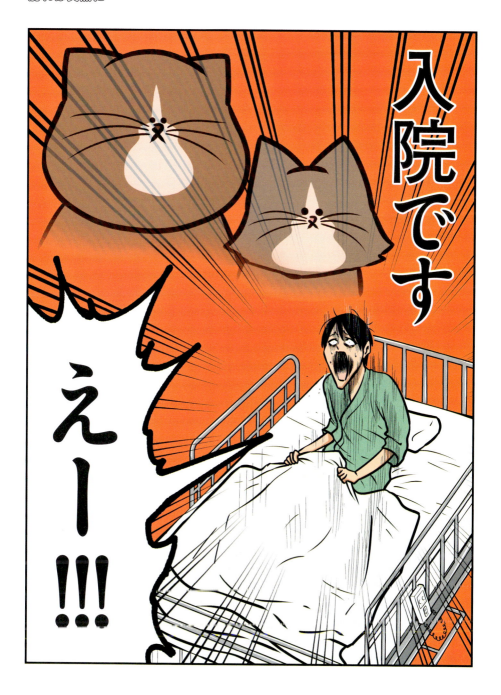

健康計画の
ダンベルとぽんた

離れないアルフ

PHOTO GALLERY 03
🐾 EXTRA

甘えん坊が加速するアルフ

これから手術と知らずに
キラキラした目で入るアルフ

起きたらこの状態で待たれてた

壁のぼり虫

今がチャンスと攻撃をするぽんた

僕が考える最高のストーリー

僕が考える最高のストーリー

そういう嘘の話はいらない

MAX警戒

大人だろ

ピンポイントアタック

魚の目のところで踏んだらしいです

おうちの様子

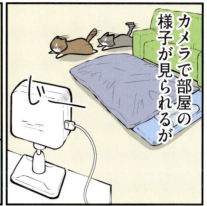

カメラで部屋の様子が見られるが

メガネには家にいるときカメラを切っていいと伝えてある
プライバシーは大切だからね

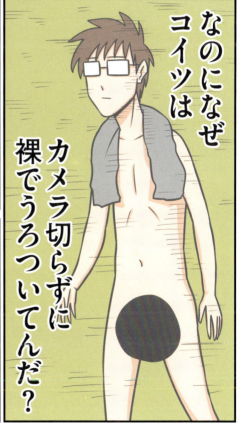

なのになぜコイツはカメラ切らずに裸でうろついてんだ?

っていうか人んちで裸で生活する?普通
なんでだよ フフフ…いててて

ぽんたが股間を隠す構図になったとき腹筋が死んだ

なんか穿けや

報告の写真
🐾 EXTRA

仲良し写真をとろうとするメガネと
まもなく逃げるぽんた

大好きな君との夜

なぜか次の日俺が怒られました

獣だからね

もののめずらしさ

買うな

ものめずらしさ
🐾 EXTRA

「くらえ！」感を出しながらスタンドを下ろす現行犯アルフ

闇に輝くナイアガラ

まあその布団でその後寝るのはメガネなんですけどね

闇に輝くナイアガラ
 EXTRA

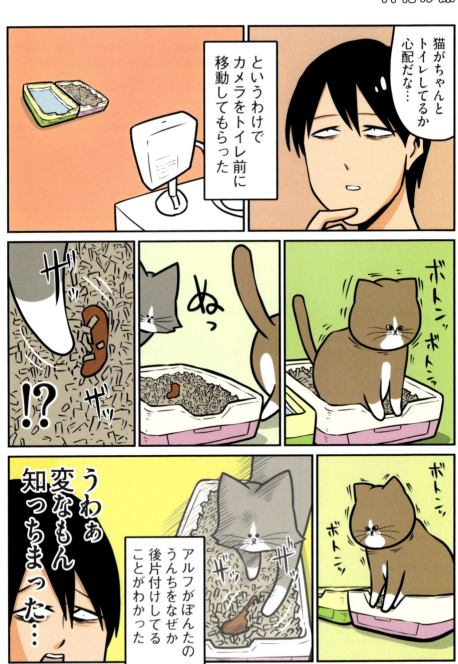

もう二度と判別しない

初見さん

なんでもないよ

ありがた迷惑

勝手に人んちの猫を強くするのやめてください

ありがた迷惑
EXTRA

新しい爪とぎにはしゃぐぽんた

二人の距離

顔を見て逃げられるのが心にくるそうです

エア猫なで

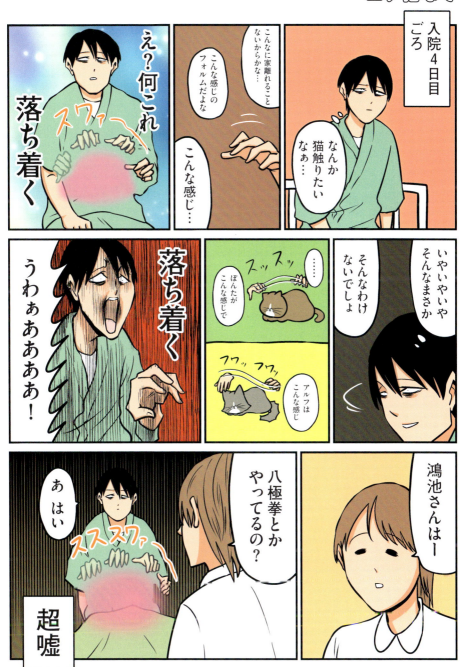

なんか…家にいる感がしてオススメです

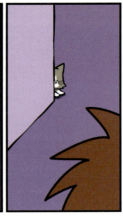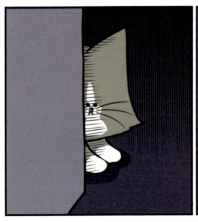

最後の最後まで

おまけ

PHOTO GALLERY 04
🐾 EXTRA

モミモミするぽんた

おとぼけコンビみたいな
配置やめろ

友人に「のんたがお前のパー
カーで寝てるから恋しいので
は？」と言われたけど絶対に暖
を取りたいだけだと思う

144

なんだかんだ爪とぎを
一番喜んでるのはアルフ

目覚めたらケツ

喧嘩を売りに行くアルフ

主にずっとここに
いたらしいアルフ

似た者同士

倒れちゃう系男子

ダメにするソファなんか毛だるまと化してるよ

学習能力

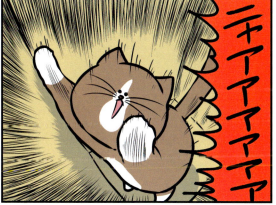

お前も何回も経験あるだろ

ブラインド

いっきに使用感出たわ

ブラインド
EXTRA

つっこんでる最中のぽんた

内井慶

内丼慶

思春期の息子かよ

天高くかすむオシャレ

最悪だよ

気にしないでくれよ

マルボール

そっとどかすな

158

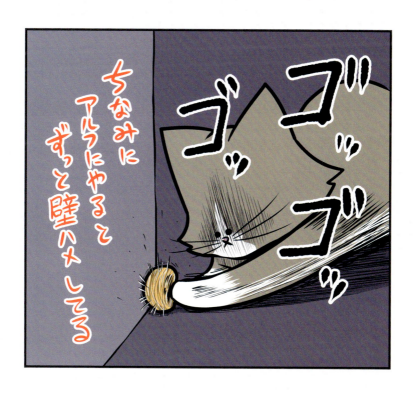

片道切符

一日に何度も繰り返す

仲良し大作戦

もっとこう無邪気に騙されてくれないかな…

仲良し大作戦
EXTRA

オモチャにははしゃぐけど小川くんを見ると逃走するアルフ

強制二者択一

あなたに敵はいないから物をどかした程度でビックリして方向を変えないで

いつもどおり

日常がパワフルすぎるだろ

ようこそ、傷だらけの世界へ

そんなある日
早く慣れてほしいな

小川くんに対して緊張してることだよなぁ…
ストレスになってよくないな…

小川くんにキョドる日が続いた

ぽんちゃんそこ好きだね
あ、小川くんぽんたに触ると危な…

って小川くんにはキョドって攻撃しないんだった
どいてー

166

ようこそ、傷だらけの世界へ

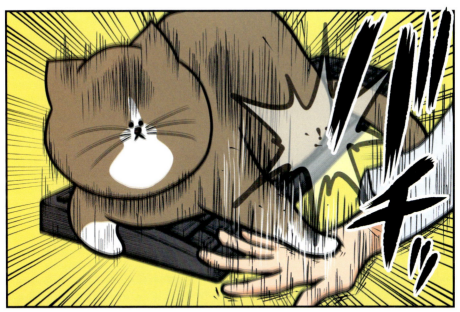

よく考えたらわけがわからないね…ごめん…

長茄子と少し大きめの小エビ

ソファ持ち上げたらそこから
どかないアルフ

PHOTO GALLERY 05
🐾 EXTRA

エビを乗せたらすっぽり
ハマってしまったぽんた

小川くんの椅子で王みたいな
座り方をするぽんた

折った後に横から日向ぼっこ
することを覚えたぽんた

小川くんの猫 マル

あとがき

あとがき

あとがき

つづく

プロフィール

鴻池 剛
TSUYOSHI KOUNOIKE

2002年から自身のサイトで漫画日記を更新中。

Twitter
@TsuyoshiWood

公式HP
http://woodbook.xyz

ぽんた情報サイト
http://neko-ponta.com

アルフレッド
ALFRED

ぽんたが落とした物に
じゃれつき
どこかにやってしまう。

ぽんた
PONTA

最近、テーブルの上の物を
落とすのに
ハマっている。

2018年12月27日　初版発行

著者　　**鴻池 剛**

発行者　青柳昌行
編集　　ホビー書籍編集部
担当　　藤田明子
装丁　　吉田健人（bank to LLC.）

発行所　株式会社KADOKAWA
　　　　〒102-8177 東京都千代田区富士見2-13-3
　　　　☎ 0570-060-555（ナビダイヤル）

印刷所　大日本印刷株式会社

［お問い合わせ先］
エンターブレイン カスタマーサポート
［電話］0570-060-555（土日祝日を除く正午～17時）
［WEB］https://www.kadokawa.co.jp/（「お問い合わせ」へお進みください）
※製造不良品につきましては上記窓口にて承ります。
※記述・収録内容を超えるご質問にはお答えできない場合があります。
※サポートは日本国内に限らせていただきます。

定価はカバーに表示してあります。

本書は著作権法上の保護を受けています。本書の無断複製（コピー、スキャン、デジタル化等）並びに無断複製物の譲渡及び配信は、著作権法上での例外を除き禁じられています。また、本書を代行業者等の第三者に依頼して複製する行為は、たとえ個人や家庭内での利用であっても一切認められておりません。

©鴻池剛 2018 Printed in Japan
ISBN 978-4-04-734796-0　C0095
JASRAC 出 1813713-801